AF582155

DÉPARTEMENT DE LA GIRONDE. — ENSEIGNEMENT AGRICOLE.

LETTRES

ADRESSÉES

A MESSIEURS LES PROPRIETAIRES RURAUX ET CULTIVATEURS

DU DÉPARTEMENT DE LA GIRONDE.

HUITIÈME LETTRE (1853).

Culture de la Luzerne.

(Ces Lettres ou Instructions, sur les principaux sujets de l'Agriculture de la Gironde, sont rédigées et distribuées annuellement conformément aux intentions de l'Administration départementale et au moyen d'une subvention spéciale votée pour cet objet).

1860

« Précocité, abondance et permanence de végétation ; faculté
» inappréciable qu'elle doit à la profondeur de sa racine vigou-
» reuse, de triompher des plus longues sécheresses, sur tous les
» sols perméables à ce moyen puissant ; longévité avantageuse,
» qui devient la juste récompense des soins que le cultivateur
» lui prodigue ; vigueur prodigieuse, d'où résulte la fréquence
» de ses récoltes annuelles sur un sol et à une exposition favo-
» rables, et qui l'a fait renaître, pour ainsi dire, de ses débris
» dès que la faux a tranché l'épaisse forêt de ses tiges élégan-
» tes, surmontées de fleurs purpurines ; excellence en qualité
» de fourrage, qui nourrit, engraisse et restaure prompte-
» ment tous nos bestiaux.... ; par-dessus tout enfin, l'heu-
» reuse propriété d'enrichir de ses dépouilles le sol sur lequel
» elle a vieilli ; voilà les titres incontestables de la luzerne à la
» recommandation puissante qu'elle porte avec elle, pour être
» admise en concurrence avec nos autres végétaux à l'améliora-
» tion de nos assolements ».

(V. Ivart : *Succession de cultures*).

DÉPARTEMENT DE LA GIRONDE. — ENSEIGNEMENT AGRICOLE.

LETTRES

ADRESSÉES A MESSIEURS LES PROPRIÉTAIRES RURAUX ET CULTIVATEURS, PAR LE PROFESSEUR D'AGRICULTURE, CHARGÉ DE L'INSPECTION AGRICOLE DU DÉPARTEMENT DE LA GIRONDE.

HUITIÈME LETTRE.

Principes généraux et pratiques, sur la culture de la luzerne— Application de ces principes au département de la Gironde, etc.

« Dans un fond médiocre, où votre choix la place
» Dure vingt ans entiers la luzerne vivace ».
(Rosset : L'*Agriculture*).

Messieurs,

Comme nous le fîmes en 1848, au sujet du trèfle de Hollande (1), nous venons signaler à votre attention une plante également digne de toute votre sollicitude. Une plante qu'ont louée à l'envi les anciens et les modernes, et que le père de notre agriculture nationale et plus particulièrement méridionale, le vénérable Olivier de Serres, a proclamée être *une des merveilles de nostre mesnage champêtre*.

(1) Dans ces Lettres, nous avons successivement traité plusieurs des sujets les plus importants de l'agriculture locale et entr'autres, *la Culture du trèfle de Hollande*, 1848; *l'Assainissement des terres*, 1849; *les Prairies naturelles*, 1850; *les Engrais*, 1851; *les Labours*, 1852.

I.

HISTOIRE ET ORIGINE DE LA LUZERNE.

La luzerne a été connue des anciens, qui en faisaient le plus grand cas et qui la regardaient même, non pas seulement comme un excellent fourrage, mais comme remède pour le bétail malade : De là, peut-être, le nom de *Medica* qu'ils lui donnaient. Il est vrai que ce nom, selon le récit de Pline (1), devait être attribué à l'origine même de cette plante, transportée de la Médie en Grèce, dit cet auteur, au temps des guerres de Darius, roi de Perse.

Quoiqu'il en soit de ces opinions diverses, il est extrêmement remarquable que la luzerne a été louée par tous les auteurs anciens qui ont pu la connaître et principalement par Dioscoride, Columelle, Palladius, Virgile, Pline, etc.

L'origine que lui assigne le dernier de ces auteurs, aurait peut-être quelque droit de nous surprendre, lorsque nous voyons croître spontanément la luzerne sous nos latitudes (2). Mais ici, il faut faire attention qu'il s'agit pour Pline, aussi bien que pour tous les autres écrivains de son temps, de la luzerne amenée par la culture à l'état où nous la voyons encore aujourd'hui : état qui diffère essentiellement de celui qu'elle présente dans les terres où elle croît spontanément et où le botaniste la cueille, comme faisant partie de la flore naturelle du lieu.

---

(1) *Histoire naturelle*, Liv. XVIII, ch. 16.

(2) Le genre *Medicago*, Luzerne, est représenté, dans la *Flore de la Gironde* (M. J.-F.-Laterrade, 4.e édition), par *douze espèces*, parmi lesquelles on distingue surtout les suivantes : *Medicago sativa*, c'est la luzerne cultivée; *M. lupulina*, *M. maculata*, L. Lupuline et L. maculée, l'une et l'autre communes dans les prés, etc.

Si donc il est vrai que la luzerne ne fut connue en Grèce qu'au temps de Darius, fils d'Hystaspes (environ 600 ans avant J.-C.); si les Romains de leur côté ne la connurent que plus tard, évidemment c'est la luzerne changée, améliorée par l'état de culture qu'il faut voir dans ces introductions successives et non une plante, qui devait être aussi commune dans les campagnes de la Grèce et de l'Italie que dans les nôtres; ce sont, plus particulièrement, les méthodes de culture propres à cette plante, les remarquables avantages qu'elle pouvait offrir à l'économie rurale.

De l'Italie, la luzerne passa dans la Gaule et trouva dans la partie méridionale de cette contrée, dans celle que nous habitons, les plus heureuses conditions de développement et de propagation. C'est là qu'elle se maintint longtemps et que ses méthodes de culture se conservèrent et se perfectionnèrent. Cependant il est remarquable que l'Italie, au temps de Crescenzio en 1478, et de Tull en 1771, n'en présentait plus aucun pied; son souvenir s'y était perdu, aussi bien que celui des écrits dans lesquels l'avaient si vivement recommandée les illustres agronomes de ce pays (1).

C'est dans le quatrième livre du *Théâtre d'Agriculture et mesnage des champs*, que se retrouvent les premiers documents précis sur la luzerne. « Autre sorte de pré, dit Olivier de Serres, plus exquise et de plus grand » rapport que les précédentes, est faite de l'herbe appe- » lée en France, *Sainfoin* (2), en Italie, *Herba medica*, » en Provence et Languedoc, *Luzerne*. De l'excessive

---

(1) Schwerz : *Plantes fourragères*.

(2) Olivier de Serres désigne la luzerne sous l'un des noms que lui donnent encore les agriculteurs pratiques d'une grande partie du Midi : il la nomme *sainfoin*. Or, ce nom est celui d'une autre légumineuse fourragère extrêmement précieuse aussi, l'*Hedisarum onobrychis* des botanistes.

» louange qu'on a donné à cette plante à cause de sa » vertu médicinale et engraissante, le bestail qui s'en » paist, vient ce mot de *sain*, pour lesquelles propriétés » les antiques l'ont plus prisée qu'austre pasture... ».

Après le *Théatre d'Agriculture et mesnage des champs*, publié pour la première fois en 1600 (1), il n'est plus de livre d'agriculture qui ne parle de la luzerne et qui ne lui donne les éloges les plus pompeux et les plus mérités.

II.

CARACTÈRES DISTINCTIFS DE LA LUZERNE.

Nous ne ferons pas ici la description botanique de la luzerne ; cette plante est trop connue pour qu'il soit nécessaire d'entrer dans de pareils détails : soit qu'il s'agisse de l'espèce que nous cultivons, ou même de celles que nous offre la végétation spontanée des champs.

Toutes les luzernes, en effet, appartiennent à la grande et utile famille naturelle des *légumineuses ;* toutes et surtout la luzerne cultivée (*Medicago sativa*), se distinguent par leurs fleurs, imitant un papillon (violettes pâles dans la luzerne cultivée), à dix étamines, dont neuf ordinairement réunies par les filets; par des feuilles alternes et stipulées et surtout par l'enroulement en spirale de la gousse qui succède à la fleur et qui renferme les graines, réniformes et violacées.

Un autre caractère bien précieux des luzernes et que l'espèce cultivée présente au plus haut point, c'est le dé-

(1) Olivier de Serres dédia son livre à Henry IV, et cette dédicace ne fut pas une vaine formalité; car on rapporte que le Roi, qui voulait que chaque paysan mit la poule au pot le Dimanche, se faisait lire chaque jour, un chapitre de l'ouvrage : imitant en cela ce qu'avait fait autrefois Auguste, à l'égard des Géorgiques de Virgile.

A la mort de l'auteur, arrivée en 1619, l'œuvre d'Olivier de Serres comptait déjà huit éditions.

veloppement toujours relativement considérable et souvent excessif des racines ; c'est la longueur que peuvent acquérir ces racines et que l'on ne saurait signaler chez aucune autre espèce herbacée.

M. le Cte de Gasparin nous apprend qu'il existe au Musée de Berne une de ces racines de 16 mètres de longueur. Il ajoute que lui-même en a souvent rencontré de 4 mètres et il cite ce fait qu'Arthur Young creusa une fois jusqu'à 2 mètres de profondeur, sans pouvoir arriver à l'extrémité d'une racine de luzerne dont il voulait mesurer l'étendue.

La luzerne cultivée et quelques autres du même genre, sont vivaces et c'est là encore ce qui explique la longue durée de cette plante, dans les terres qui lui conviennent et sous l'influence des soins qu'elle réclame.

III.

DU CLIMAT, OU DE L'ENSEMBLE DES CIRCONSTANCES MÉTÉOROLOGIQUES QUI CONVIENNENT A LA LUZERNE.

La luzerne exige, ainsi que nous le verrons, une somme de chaleur assez considérable pour accomplir sa période de végétation annuelle. Toutefois, et comme pour toutes les autres plantes que l'on cultive pour leurs feuilles, il est à cet égard des bornes qu'établissent, d'un côté, les sécheresses qu'elle ne saurait braver et, de l'autre, le degré d'humidité capable également de compromettre ses produits.

Le Midi de l'Italie expose cette plante au premier de ces inconvénients et c'est-là, ce qui fait que, dans le royaume de Naples, on lui préfère d'autres fourragères, notamment le sainfoin et le sulla.

Vers le Nord de l'Europe, l'humidité devient telle

qu'elle nuit à la luzerne et qu'elle porte le cultivateur à lui substituer le trèfle, que cet état de choses au contraire favorise d'une manière toute particulière.

Sans rechercher ici quelles sont les raisons qui ont contribué à l'éloigner du nord de l'Italie, du pays où tout semble la favoriser, où elle donna jadis de si remarquables résultats, nous dirons, avec le plus éminent agronome de notre époque, que le Midi de la France est la contrée qui lui convient essentiellement; celle où sa réussite, sa durée, ses produits sont les plus assurés; où il est possible de recueillir sa graine : circonstance qui n'est plus possible dans le Nord et notamment en Angleterre.

Néanmoins ce dernier pays, si renommé d'ailleurs pour ses cultures fourragères, a su également tirer parti d'une plante qui réussit d'autant plus, sous ses latitudes, que ses autres herbages ont plus à souffrir des chaleurs et des rares sécheresses qu'il éprouve. La luzerne est surtout commune dans les îles de Jersey et de Guernesey. Sa culture a de l'importance aux environs de Vienne, on la voit également en Saxe et en Franconie ; dans les pays du Rhin, où la vigne réussit, elle reçoit les soins empressés du cultivateur, sous le nom de trèfle perpétuel (*Ewiger-Klee*). « Néanmoins, dit M. Royer, assez généralement en Allemagne, comme en Alsace, on est bien loin d'accorder à la luzerne l'importance qu'on lui donne dans le midi de la France, ou même dans le centre depuis quelques années. Les Allemands ne lui accordent pas comme les Français méridionaux, une valeur nutritive supérieure à celle du sainfoin; mais ils prétendent généralement qu'elle est fort inférieure au trèfle, et nous ne pourrions partager cette opinion qu'en admettant une influence notable du climat, qui serait d'autant moins favorable aux qualités nutritives de la luzerne, qu'il serait plus froid (1) ».

Ainsi les climats, par rapport à leurs différences, imposent à la culture de la luzerne des limites; soit en mettant un obstacle complet à son développement, soit en s'opposant à la maturité de sa graine, soit en réduisant la valeur intrinsèque de ses produits.

Cette plante est donc précieuse pour les contrées dont le climat n'est pas franc; où on le voit varier entre les tendances du Nord et celles du Midi; où la chaleur néanmoins l'emporte sur l'humidité; où l'on est exposé aux sécheresses de Printemps, d'Été ou d'Automne.

Sous ces climats, parmi lesquels figure le nôtre, la luzerne, au moyen de l'organisation physiologique qui lui est particulière, et surtout de la prodigieuse dimension de ses racines, jouit du quadruble et précieux avantage :

1.° De profiter, pour son développement, pour l'élaboration de ses produits, de l'action prolongée et énergique du soleil;

2.° De profiter de l'humidité que renferment toujours les couches inférieures du sol, quelle que soit la rareté des pluies et la durée des sècheresses;

3.° D'échapper à l'influence si désastreuse des transitions brusques qui surviennent trop souvent, principalement au Printemps et à l'Automne, entre le froid et le chaud, le gel et le dégel;

4.° De pouvoir rechercher et de saisir, dans la profondeur du sol, des principes alimentaires que les autres plantes herbacées ne sauraient y découvrir, ne sauraient y atteindre.

Il est reconnu encore que, sous notre climat, la luzerne complètement établie, c'est-à-dire celle qui compte au

(1) L'*Agriculture allemande*.

moins trois années d'existence, avait aussi beaucoup moins à souffrir que d'autres plantes analogues, des atteintes des gelées qui marquent trop souvent les jours de Printemps. La vigueur toute particulière de cette légumineuse la mettrait ainsi en mesure de résister à un météore que nous voyons trop souvent, parmi nous, exercer les plus grands ravages.

IV.

DE LA TERRE QUI CONVIENT A LA LUZERNE.

Il serait d'autant plus difficile de bien préciser la nature de la terre qui convient à la luzerne, que la végétation de cette plante s'effectuant à une très grande profondeur dans le sol, c'est en réalité la nature, les propriétés physiques et chimiques des couches inférieures qui l'intéressent peut-être plus encore que celles des couches supérieures ; qui décident par conséquent de sa tendance plus prononcée pour telle ou telle terre, de préférence à telle ou telle autre.

Ainsi, quelles que puissent être les qualités apparentes d'une terre, la luzerne ne saurait y prospérer si cette terre repose sur un sous-sol : ou tellement compacte, que ses racines ne puissent le pénétrer et y circuler librement : ou tellement imperméable, qu'il retienne l'eau et que ces mêmes racines soient exposées à s'y décomposer, à y pourrir.

On voit, d'après cela qu'en réalité, la luzerne ne laisse pas que de présenter quelques difficultés, sous le rapport dont il s'agit; car, si elle est plus exigeante pour le sous-sol que pour le sol lui-même, en résumé, il faut cependant que l'un et l'autre lui convienne ; il faut qu'elle rencontre chez tous deux des conditions, des avantages sans lesquels sa réussite ne saurait être complète.

A l'égard du sous-sol, il en est dans notre département, en grand nombre malheureusement, que redoute la luzerne. Ainsi, elle craint ceux que constitue l'*alios* de nos landes et l'agrégat siliço-ferrugineux de quelques contrées de l'Entre-deux-Mers. Ces sous-sols sont pour ses racines un obstacle qu'elles ne peuvent vaincre et qui les prive du développement qu'elles seraient susceptibles d'acquérir. Elle craint ceux que constituent ces argiles colorées, tellement dures, tellement compactes qu'elles ressemblent à de la pierre ; que les racines de la luzerne ne peuvent non plus les pénétrer et dans lesquels d'ailleurs elles se trouveraient constamment abreuvées d'un excès d'humidité qui les asphyxieraient.

D'après ce qui précède et avant d'aller plus loin, on doit comprendre que des recherches propres à décéler cette nature, des sondages mêmes, sont des opérations qui peuvent conduire à la connaissance de faits extrêmement importants et épargner les regrettables pertes de temps et d'argent qu'amènent toujours en agriculture les tentatives malheureuses.

Mais enfin, comme il faut cependant exprimer une opinion sur la terre qui convient plus particulièrement à la luzerne, avec le patriarche de l'agriculture française, nous dirons à notre père de famille qui voudra réussir en ce genre, de choisir quelque endroit de sa meilleure terre, plus sablonneuse qu'argileuse, plus légère que pesante, plus plate que pendante : toutefois, vidant les eaux à ce qu'elles n'y croupissent pas (1). Nous ajouterons, avec un autre agriculteur du Midi, non moins digne de toute notre confiance, que si les fonds substantiels, limoneux, formés par des dépôts de rivières, sont

---

(1) Olivier de Serres : *Théâtre d'Agriculture et mesnage des champs*, L. IV, ch. 4.

ceux qui conviennent le mieux à la culture de la luzerne, ce serait cependant une erreur de penser qu'on ne peut cultiver ce précieux fourrage que dans ces sortes de terres; car il réussit très-bien dans les bonnes boulbènes (1), mêlées de gravier fin, et dans les terres bâtardes (2), etc.... (3).

Surtout, nous ajouterons, en nous appuyant sur le remarquable exemple de succès obtenu en ce genre par un cultivateur de la Gironde (4), que la luzerne peut

(1) On entend par *terres boulbènes*, dans le Midi, les terres essentiellement composées de sable et d'argile; les terres siliço-argileuses, si communes dans cette contrée et que nous voyons recouvrir presque complètement les plateaux de notre département, notamment ceux de l'Entre-deux-Mers.

(2) Les *terres bâtardes* ne diffèrent des précédentes que parce qu'un élément minéral de plus et bien essentiel vient s'y ajouter : le carbonate de chaux, le calcaire. L'humus, ou terreau naturel, y figure aussi ordinairement dans une proportion plus considérable.

(3) C. L. de Villeneuve : *Manuel d'Agriculture*, T. I, ch. 7.

(4) Ce cultivateur, c'est M. Dubroca, de Barsac, à qui nous devons sur ce sujet deux communications du plus haut intérêt, insérées dans l'*Agriculture* (Janvier 1853, p. 20; — Mars, *id.* p. 127).

Le 29 Avril 1853, nous avons vu et vu avec une satisfaction difficile à décrire, non-seulement les belles luzernières créées à Barsac par M. Dubroca, mais aussi les luzernières de plus en plus nombreuses que provoque chaque année l'exemple donné par ce cultivateur. A cet égard, les choses sont telles que déjà, dans une commune où cette plante n'existait pas il y a 8 ans, on récolte, année moyenne, 5000 bottes, ou 25,000 Kilog. de Luzerne.

Bien que la température froide de Mars et d'Avril eussent retardé le développement habituel de la luzerne de dix jours au moins, et qu'elle n'eut encore qu'environ 30 centim. de hauteur, nous ne saurions assez dire combien nous fûmes frappé à l'aspect de la vigueur, de la belle couleur verte et surtout de l'uniformité de réussite de ce précieux fourrage. Tous ces faits étaient tels et le dernier surtout, qu'on eût pu croire possible de mettre le pied sur ces luzernes et de les trouver assez solides pour en parcourir la surface, sans toucher le sol

prospérer, admirablement prospérer, sur la formation caillouteuse à laquelle nous donnons dans ce département le nom de *graves*. Formation dans laquelle elle trouve, tout à la fois, une couche de terre supérieure extrêmement accessible à la chaleur solaire, ce qui active sa végétation : souvent aussi une couche inférieure, un sous-sol, profond, suffisamment meuble, suffisamment mêlé de calcaire et autres principes reclamés par les racines de la luzerne.

Après avoir rendu le juste témoignage d'éloges dus au mérite du cultivateur dont il sagit, nous ferons observer que ces sortes de réussites n'étaient pas cependant sans exemples; car Gilbert dit que la luzerne a la propriété de prospérer sur des terrains dont la couche supérieure est peu propre à la production des céréales (1). Et M. le comte de Gasparin ajoute : Dans un terrain meuble, profond, fut-il *caillouteux*, qui n'a jamais porté de luzerne, doué jusque dans ses couches inférieures d'une fertilité qui n'excède pas pourtant ce qui peut donner une médiocre récolte de blé ou de seigle, on obtiendra de la luzerne sans fumier, avec l'aide d'un seul plâtrage, si le terrain ne possède pas l'élément calcaire, ou qu'il s'y trouve dépourvu de terreau propre à former de l'acide carbonique qui rend l'élément calcaire soluble. Nous l'avons vue donner de très-belles récoltes dans des sols semblables.... (2).

Maintenant, si nous voulions chercher quelques indices capables de nous fixer sur la nature intime de la terre qui convient à la luzerne, au moyen de la connaissance des matières minérales réclamées par cette plante et de la proportion relative de ces matières, voici ce que nous

---

(1) *Traité des Prairies artificielles*, Ch. II, art. 1.
(2) *Cours d'Agriculture*, T. IV, p. 428.

pourrions recueillir, sur ce sujet, de quelques analyses données par le professeur F. W. Johnston (1).

	Cendre, sur 1000 en poids de la plante sèche.	Sur 100 de cendre en poids:	
		Potasse.	Chaux.
Luzerne.	94.	13,8.	51,0.
Trèfle blanc.	89.	34,8.	25,8.
—— rouge.	74.	27,0.	37,8.
Ivraie vivace.	53.	16,9.	13,2.

Sans doute, il ne faut pas tirer de ces chiffres des conséquences trop rigoureuses ; car, ainsi que le fait observer Liebig, les plantes sont douées de la merveilleuse propriété de pouvoir substituer des équivalents, à plusieurs des substances minérales qu'elles réclament et qu'elles ne rencontrent pas toujours dans les proportions qu'elles exigent.

Cependant, la quantité relative de cendre produite par la luzerne, quantité qui est de beaucoup supérieure à celle des autres fourragères avec lesquelles nous la comparons, est déjà une preuve des exigences de cette plante, de l'activité et de l'énergie de sa végétation ; car, encore, « la quantité des sels terreux ou alcalins qu'on trouve dans les végétaux divers, ou dans les organes différents d'un même végétal, est sensiblement proportionnelle à la force de succion et à l'intensité de l'évaporation (2) ». Nous voyons également qu'il faut à la luzerne une proportion moins forte de potasse, ce qui peut mettre sur la voie des engrais qui lui conviennent ; mais qu'à l'égard de la chaux elle est plus exigeante que

(1) *Catéchisme de chimie agricole*, etc...
(2) De Candolle : *Physiologie végétale*, T. I, p. 394.

les trèfles, ce qui explique enfin pourquoi la luzerne demande en réalité des terres de meilleure qualité que le trèfle ; pourquoi elle n'a pas, comme ce dernier, l'avantage d'accepter celles dans lesquelles la chaux se trouve en proportions plus réduites.

C'est encore avec toute réserve et sans y attacher non plus une trop grande importance que nous joignons ici, comme indice des qualités de terres que peut accepter la luzerne, les analyses que nous avons faites de quatre champs dans lesquels cette plante a été placée et où elle a donné des résultats divers et que nous faisons également connaître :

Désignation des terres.	Argile:	Sable.	Chaux.	Humus.	Observations.
Alluvion de la Garonne, à Jusix (Lot-et-Garonne).	53,5	41,0	5,0	0,5	Terre réputée une des plus fertiles du bassin de la Garonne. Le sable qu'elle contient est micacé.
Bords d'un ruisseau de l'Entre-deux-Mers.	89,0	9,0	1,0	1,0	Le sous-sol est aussi de bonne nature. La luzerne y vient bien, mais lentement.
Argilo-siliceuse (*boulbène*), plateau de l'Entre-deux-Mers.	80,0	19,5	0,5	Traces.	Le sous-sol est une argile dure, compacte, imperméable, humide. La luzerne y vient mal.
Siliço-caillouteux, grâves de Barsac.	14,0	86,0	Traces.	Traces.	Le sous-sol est un mélange de fragments calcaires et d'argile marneuse. La luzerne y vient admirablement.

Nous ferons remarquer aussi que l'exposition n'est pas indifférente dans le choix du terrain propre à la luzerne et que cette plante ne se trouve pas bien ni de l'ombre, ni du voisinage des grands arbres. Olivier de Serres, après avoir fait les mêmes remarques ajoute : « D'autant que le voisinage de telles choses et les ombrages nuisent beaucoup à la luzerne, qui demande toute la substance du fonds et de l'air pour avoir libres ses racines et herbes. Sous les arbres, la luzerne vient assez bien, mais non si bonne qu'ès endroits soleillés : parquoi en beau solage et plain convient loger telle herbe, et pour la qualité et pour la quantité ».

V.

PRÉPARATION DE LA TERRE.

La luzerne, ainsi que le dit un auteur déjà cité, est de toutes les plantes soumises à nos cultures ordinaires en grand, celle qui exige le sol le plus profond et le mieux préparé, par les défoncements et les engrais.

Ainsi que nous l'avons fait remarquer au § II, ce qui assure la supériorité de la luzerne, sous notre climat, c'est surtout la longueur que peuvent atteindre ses racines et la rapidité avec laquelle se fait le développement de ces organes.

Or, la physiologie végétale nous apprend, que les racines des plantes ne remplissent les fonctions qui leur sont particulières et qui consistent à puiser dans le sol, avec l'eau de végétation, les matières solubles qu'il peut contenir, que par leurs extrémites les plus déliées. Elle nous apprend aussi, que ces extrémités cesseraient bientôt de fonctionner, si leur sensibilité, leur irritabilité ne se renouvelaient sans cesse en s'allongeant. Elle nous apprend enfin que cet allongement se fait chez les plantes comme chez les glaçons suspendus au bord des toitures et à la dimension desquels ajoute sans cesse la nouvelle goutte d'eau qui glisse sur leur surface, se suspend à leur extrémité et s'y congèle.

Il suit de là sans doute, que toutes les plantes que nous cultivons ont besoin de trouver une terre meuble et capable de permettre à leurs racines une libre circulation ; mais que cette nécessité est bien plus grande, bien plus impérieuse encore pour celles de ces plantes qui, comme la luzerne surtout, prennent en peu de temps un allongement peut-être sans exemple dans tout le reste du règne végétal.

Pour bien se faire l'idée de ces phénomènes et des nécessités qui en découlent, il faut faire attention que chaque molécule terreuse est une sorte de magasin, destiné à mettre en réserve et à tenir à la disposition du végétal, les principes solubles ou gazeux résultant de la décomposition des matières d'origine organique contenues dans le sol.

Or, pour percevoir ces principes, il faut que la bouche du suçoir de chaque racine, se trouve successivement en contact avec chacune des molécules terreuses qui peuvent les lui livrer. Il faut que cet organe délicat puisse aller de l'une à l'autre de ces molécules, sans embarras, sans efforts. Il faut enfin qu'elle puisse y aller avec la rapidité que comporte, pour certaines espèces, et surtout pour celle qui nous occupe, une faculté d'allongement : conséquence elle-même de la nécessité de trouver dans la terre de quoi répondre à l'activité vitale qu'impose à la plante, à l'extérieur, la chaleur solaire et les autres causes de cette activité.

D'après toutes ces considérations, on comprend très-bien que la meilleure préparation que l'on puisse donner à la terre que l'on veut ensemencer en luzerne, c'est, comme le dit encore Olivier de Serres, de la labourer durant seize mois, pour la rendre en poudre et propre à recevoir cette utile semence ; c'est aussi de l'épierrer aussi curieusement que possible, de la décharger de toutes racines, herbes et arbustes.

Une récolte sarclée, une jachère complète peuvent, selon le cas, la nature et l'état antérieur de la terre, être employées avec succès. Mais ce qui est toujours indispensable, c'est le défoncement du sol, c'est la division, le mélange de ses principes constituants jusqu'à la profondeur de 30 à 70 centimètres au moins.

Or, ce défoncement peut être fait à la pioche : il offre alors des garanties de perfection et de succès que nul autre moyen ne saurait réunir au même degré. Toutefois, des raisons d'économie ou autres, peuvent lui faire substituer le défoncement à la charrue ; quelquefois même ce dernier défoncement procure l'avantage d'ameublir la terre du sous-sol, sans la mêler à celle qui la recouvre (1).

Quand la terre n'est pas dans un état tel qu'elle n'ait pas besoin d'être fumée, à cause de ses cultures antérieures, il faut nécessairement lui donner aussi cet élément de succès ; mais il faut le faire de manière à ne pas nuire à la luzerne, attendu, dit encore Olivier de Serres, que le fumier nouveau brûle la semence de cette plante, jeté sur icelle avant que d'être dompté par le temps. « Je crois, dit à cet égard un agriculteur distingué du Midi, qu'il faudrait diviser la fumure en deux époques : après avoir fortement labouré la terre avant l'hiver, on pourrait y porter du fumier long qui contribuerait à la diviser encore pendant la mauvaise saison. Au printemps, quand la terre serait ressuiée, on la labourerait de nouveau, et on y porterait du fumier consommé qu'on recouvrirait de suite. Ainsi, il faudrait quatre labours, dont

(1) Ce n'est pas ici le lieu d'entrer dans de grands détails sur les défoncements et sur les moyens à employer pour les exécuter. Seulement, à ce propos, nous citerons, comme pouvant les accomplir sans mêler la terre de dessous à celle de dessus, une charrue que nous avons vu dernièrement fonctionner, dans l'Entre-deux-Mers, et qui sortait de la fabrique de Nancy : *La charrue sous-sol, ou charrue de défoncement et d'assainissement.*

les deux premiers seraient avec un grand avantage remplacés par un défoncement à la bêche, de la même manière que l'on procède pour les pépinières. On porterait, avant l'hiver 20 charretées de fumier par arpent (environ 32 par hectare) et 12 au printemps (environ 19 par hectare). A cette époque il faudrait herser la terre deux fois en temps utile, et vers le mois d'Avril, où tout serait terminé, on laisserait la terre se reposer jusqu'au mois de Mai : quand il n'y a plus de gelée à craindre, on herserait une troisième fois et de manière à applanir parfaitement la surface, etc.... (1) ».

VI.

ENSEMENCEMENT DE LA LUZERNE.

A. *Choix de la graine.* La graine de la luzerne ne diffère pas beaucoup de celle du trèfle. Comme cette dernière, elle est petite, mais plus allongée et d'un violet moins prononcé. Ces deux circonstances font qu'il est moins facile peut-être de la confondre avec celle de la cuscute : parasite également redoutable pour ces deux légumineuses (2).

On doit se défier des graines qui dans le mélange se distinguent, ou par une teinte plus claire, ou par une teinte plus foncée : les premières peuvent avoir souffert sur pied, leur maturité peut être douteuse : les secon-

---

(1) M. de Saint-Félix : *Traité pratique des prairies et des fourrages* (Toulouse).

(2) « Quand on achète la graine et qu'on ne peut s'assurer du soin » avec lequel elle est récoltée, on la purge de cuscute en la froissant » avec force entre deux grosses toiles. Cette friction rompt les capsu- » les de la cuscute, et un criblage sépare ses graines très-fines de » celles de la luzerne ».

des peuvent avoir été décossées au moyen d'une chaleur artificielle trop forte.

Dans notre troisième lettre, sur le trèfle de Hollande, nous avons cité plusieurs moyens à l'aide desquels on peut s'assurer de la bonté de la graine de cette plante (1), ces moyens peuvent aussi être employés pour la luzerne. En voici un autre également très-simple qu'indique Schwerz et qu'il conseille spécialement pour la luzerne. « On mêle une petite quantité de graine de cette plante avec de la terre de bruyère, de la terre qu'on trouve dans les creux des vieux saules, de l'humus pris dans les couches ; on met le tout dans un petit vase et on arrose avec soin. La force germinative doit se manifester au bout de quarante huit heures ».

B. *Quantité de graine de luzerne à répandre.* Cette quantité varie dans des limites assez larges et, comme pour toutes les autres graines d'ailleurs, ces limites elles-mêmes sont subordonnées à la qualité de la terre, à la manière de semer, etc... Néanmoins, il paraît que généralement on peut la fixer de 15 à 20 kilog. par hectare, bien cependant que ce dernier chiffre ait été souvent dépassé et d'une manière assez sensible.

C. *Epoque de l'ensemencement.* On peut semer à l'automne (en Septembre) ou au printemps (en Avril), avant les premières et après les dernières gelées : les unes et les autres également redoutables pour la jeune luzerne.

La préférence à donner à l'une ou à l'autre de ces deux saisons, est principalement dicté par l'état de préparation de la terre ; par les dispositions où se trouve cette terre, par suite de l'action qu'ont exercée sur elle les saisons précédentes.

Les agriculteurs pratiques savent, en effet, que toutes

(1) Voir l'*Agriculture*, 1848.

leurs combinaisons, tous leurs efforts, ne suffisent pas toujours pour amener une terre à recevoir la semence qu'ils lui destinent et à l'époque qu'ils avaient assignée. Ils savent que bien souvent au contraire, il vaut mieux différer cette époque que de s'exposer à des mécomptes, conformément à ce proverbe anglais qui dit :

Il vaut mieux être hors de saison,
Qu'hors de temps.

D. *Manière de semer*. On sème la luzerne de deux façons : à rayons ou à la volée et en plein.

La semaille en rayons, ordinairement espacés de 35 centimètres environ, ne peut guère convenir qu'à une culture en petit. Néanmoins, elle a l'avantage de permettre des façons d'entretien qui peuvent aider beaucoup au développement et aux produits de la plante.

La semaille à la volée exige le mélange de la graine avec une certaine quantité de sable, afin de faciliter sa répartition uniforme sur le champ. On recouvre légèrement, soit à la herse conduite dans le sens opposé à l'inclinaison des dents, soit au rateau, soit au rouleau.

On peut aussi semer de l'avoine avec la luzerne, ménager à celle-ci un abri contre les ardeurs du soleil et s'assurer ainsi, dès la première année, un fourrage que ne pourra donner de sitôt la luzerne elle-même. Cependant l'expérience a prouvé que cette méthode avait des dangers et que nécessairement une plante devait nuire à l'autre, aussi l'a-t-on généralement abandonnée.

On comprend que la luzerne doit-être semée par un temps calme et en l'absence de vents assez forts pour emporter au loin la graine.

VII.

SOINS D'ENTRETIEN. — PLATRAGE, &c...

La luzerne ne pouvant immédiatement s'emparer de

toute la terre qui lui est consacrée et cette plante appartenant aussi à une famille dont le voisinage et le contact ne sauraient être redoutés par la plupart des herbes sauvages ; telles sont les deux causes sans doute qui font qu'elle a beaucoup à redouter, surtout dès le début, de la multiplication et de la croissance de ces herbes. Dès lors, il convient de la sarcler dès que ces herbes se montrent et de revenir à cette opération toutes les fois qu'elles apparaissent de nouveau, au moins dans des terres où sa croissance n'est pas vigoureuse et rapide.

Lorsque cette fourragère compte une année d'existence, que ces racines ont pris possession de la couche inférieure du sol, on peut et on doit la herser, surtout au printemps, dans l'intervalle des coupes et sans craindre que l'énergie de cette façon puisse lui devenir préjudiciable.

Du fumier répandu sur la luzerne, après le hersage et quand elle commence à chanceler, peut aussi lui rendre sa vigueur ; mais il ne faudrait pas, par cette application, porter dans la luzernière des graines de plantes sauvages. On a aussi, à l'exemple de pratiques usitées dans le Nord, conseillé l'arrosage de la luzerne avec le purin. A cet égard, il ne faut pas perdre de vue la différence qui existe entre notre climat et celui des contrées septentrionales. Pour notre compte, nous avons eu connaissance de semblables arrosages, faits d'une manière imparfaite sans doute, dans des terrains naturellement très-secs, et qui n'ont pas amené de bons résultats.

Mais une heureuse application à faire à la luzerne, c'est celle du plâtre, dans les terres où ce stimulant peut agir ; c'est-à-dire dans toutes celles qui ne sont pas trop argileuses, ou qui ne contiennent pas déjà naturellement le sulfate de chaux et principalement dans celles où domine la silice.

Il serait sans utilité et sans opportunité ici, d'entrer dans des détails sur les différentes théories qui ont été mises en avant pour expliquer l'effet du plâtre, principalement sur l'utile famille des légumineuses ; pour expliquer les variations extrêmement sensibles de cet effet, selon les diverses natures des terres.

« Le bon effet du plâtre sont si constatés, dit le baron Louis de Villeneuve, qu'il est impossible de ne pas en faire usage, si on veut avoir des fourrages artificiels. Depuis quelque temps, les agronomes se servent indifféremment du plâtre crù ou cuit. L'économie qu'il y a à employer le crù me l'avait fait adopter ; mais depuis quelques années, je me suis aperçu que les effets du plâtre, comme amendement, n'étaient pas si sensibles qu'auparavant ; j'en ai recherché les causes, et j'ai cru les trouver dans un mélange frauduleux de sable et de craie. Je suis alors revenu à l'usage du plâtre cuit, et, pour être certain qu'il n'y avait pas de fraude, j'en fis faire l'essai en le délayant avec de l'eau : s'il durcit, c'est une preuve qu'il est cuit et pur. Il est vrai que ce plâtre augmente la dépense d'un tiers ; mais une économie de ce genre est un mauvais calcul. Au reste, quelque plâtre qu'on emploie, il faut laisser dans chaque champ une petite partie sans plâtre : c'est un moyen de s'assurer si cet amendement convient à la terre (1) ».

Relativement à l'application même du plâtre, voici en quels termes la prescrit Mathieu de Dombasle. « C'est ordinairement en Mars, quelquefois seulement en Avril, qu'il est le plus avantageux d'appliquer le plâtre au trèfle, au sainfoin, à la luzerne, etc... En général, le moment le plus favorable est celui où la plante a déjà commencé sa croissance, et commence à couvrir la terre.

---

(1) *Illusions et mécompies d'un vieux agriculteur...* pag. 76.

On emploie ordinairement autant de plâtre en mesure qu'on mettrait de semence de blé sur la même étendue de terrain, c'est-à-dire deux hectolitres par hectare (1)... On ne doit pas répandre le plâtre par un temps sec; il faut choisir un temps couvert, ou ne le répandre que le soir, ou de très-grand matin, ou après une pluie, lorsque les feuilles des plantes sont humides (2) ».

Nous rappellerons ici deux observations que nous faisions, en 1848, à propos du trèfle. La première était relative à la diminution d'effet que l'on aurait cru remarquer, après des plâtrages renouvelés plusieurs fois; la seconde touchait à cette question souvent agitée parmi les agronomes, de savoir si les fourrages plâtrés ne perdent pas quelque peu de leur valeur nutritive. A l'égard de la première de ces observations, nous avons souvenance qu'un auteur estimable, mais dont le nom nous échappe, conseille de ne pas abuser du plâtrage et fait remarquer que s'il en était ainsi, on verrait se produire les mêmes désavantages qui ne manquent jamais de suivre un système de culture dans lequel les moyens de production sont trop exclusivement demandés à la force mécanique, aux instruments aratoires, et pas assez aux engrais.

VIII.

ACCIDENTS MÉTÉOROLOGIQUES, PLANTES ET INSECTES NUISIBLES.

Sous notre climat, si variable et dont les transitions, au printemps et à l'automne surtout, sont si brusques, la luzerne, sollicitée par les premiers beaux jours, peut être frappée par la gelée qui compromet ainsi le résultat

---

(1) 300 kilog. en poids.

(2) *Calendrier du bon cultivateur.*

de la première coupe. Il faut, effectivement, sacrifier la coupe ainsi atteinte, mais après avoir attendu cependant que le dégel ait eu lieu : l'expérience ayant prouvé que la racine même des pieds mutilés pendant la gelée périssaient. Elle peut aussi avoir à souffrir, durant l'été, de l'ardeur du soleil; mais on comprend qu'alors, aussi bien que dans le cas précédent du reste, le mal ne frappe que ses parties extérieures et que les ressources dont elle dispose dans le sol, la mettent bientôt à même de reprendre toute sa vigueur, quand la cause qui la contrariait a cessé d'exister. Sous l'action du soleil et dans les terrains secs, dit M. le comte de Gasparin, la plante subit un sommeil estival, causé par la sécheresse à l'époque de la quatrième et quelquefois de la troisième coupe; et la luzerne est réduite à trois coupes, dont la troisième ne produit pas la cinquième partie des deux autres.

La luzerne a à redouter deux plantes parasites : le rhizoctone et la cuscute.

« Le Rhizoctone de la luzerne (*Rhizoctonia medicaginis*) est d'une couleur pourpre; les tubercules sont blanchâtres en dedans d'abord et deviennent ensuite d'une couleur vineuse et enfin noirs; les filaments qui en partent, s'étendent de tous côtés et s'entre-croisent de manière à couvrir toute la racine. La luzerne se fane bientôt et meurt par plaques circulaires. On dit alors que la *luzerne est couronnée*. On trouve ce champignon dans les terrains légers où l'humidité séjourne. On ne connaît pas d'autre moyen pour le détruire que de faire un fossé circulaire d'un mètre, dans la luzerne saine et d'écobuer la terre où le Rhizoctone est établi (1) ».

Toutefois, si le moyen indiqué ci-dessus n'arrête pas le mal, le mieux est de détruire la luzernière et de ne

(1) M. Seringe : *Traité élémentaire d'agriculture*.

plus la réformer, sur la même terre, qu'après un assez grand nombre d'années (1).

La cuscute est une autre plante parasite (2) qui affaiblit, qui détruit la luzerne en s'attachant à ses tiges, en s'y enlaçant, en y implantant ses suçoirs.

Nous avons déjà parlé de cette plante, à propos du trèfle dont elle est aussi un des redoutables ennemis; nous avons le regret de constater ici de nouveau qu'elle se propage de plus en plus dans le département et que les moyens de la détruire ne sont pas plus sûrs qu'à l'époque que nous rappelons, c'est-à-dire en 1848.

Alors nous citions principalement la méthode qui consiste à racler la surface de la terre que recouvre la cuscute, à brûler sur place les débris ramassés et à y répandre ensuite la cendre. Nous parlions aussi du recouvrement de cette même place par une couche de tanée de 4 à 5 centimètres d'épaisseur. Depuis, il est venu à notre connaissance un autre moyen; il consiste dans l'ar-

---

(1) Il est une plante, parmi elles qui croissent spontanément dans le département de la Gironde, dont la présence annoncerait à ce qu'on prétend, l'envahissement inévitable de la luzerne, par le Rhizoctone : cette plante, c'est la Potentille rampante, ou Quinte-feuille (*Potentilla reptans*). La Potentille rampante est assez commune dans les terres tout à la fois humides et sablonneuses du département. M. Laterrade qui la décrit, à la page 147 de la *Flore bordelaise*, 4.me édition, ajoute qu'elle est vulnéraire, astringente et antidyssentérique. On la rencontre aussi assez souvent dans l'herbe des prairies : ses tiges couchées y échappent à la faux, mais les animaux la broutent avec assez de plaisir.

(2) « .... Les graines de la cuscute lèvent en terre, mais la radi-
» cule se dessèche bientôt, et la plante grimpe et s'attache sur les
» végétaux voisins à l'aide de ses tiges nombreuses, filiformes, unies
» et rougeâtres. Les fleurs sont ramassées par glomérules sur les ti-
» ges. L'herbe colore en brun.... ».

(M. Laterrade : *Flore bordelaise*).

rosement, avec de l'eau dans laquelle on fait dissoudre une petite quantité de sel marin, de la cuscute que l'on veut détruire. M. Bussienne, qui faisait part de cette méthode au Congrès scientifique de France réuni à Tours, assurait qu'il lui avait toujours réussi.

Indépendamment de ces deux parasites, la luzerne craint aussi l'envahissement des herbes adventives, surtout de celles de la nombreuse famille des graminées, toujours empressées à se rapprocher des légumineuses, s'occuper la terre que celles-ci ont abandonnée. Les agrostis, les canches, etc... surtout le chiendent, sont de ce nombre. Dès que la luzerne éprouve une contrariété quelconque, soit de la part du sol, soit de tout autre cause, le champ qu'elle occupait, dit M. le comte de Gasparin, se convertit en gazon, et la luzerne, celle de toutes les plantes qui se plaît le plus dans l'isolement, ne tarde pas à céder la place à des rivales plus robustes. Plus un terrain est riche, plus il est exposé à cette cause de destruction des luzernières.

Dans le règne animal, la luzerne compte aussi des ennemis redoutables, en tête desquels il faut mettre les limaces, les hannetons et surtout l'insecte nommé *négril* par les cultivateurs, le *Colaspis atra* des naturalistes.

Les limaces (*Limax*) ne sont autres que les animaux voraces et destructeurs, connus dans nos campagnes sous le nom de *loches* (1). On sait avec quelle déplorable facilité, les limaces se multiplient et se développent au printemps, quand les hivers ont été doux et humides et com-

(1) Il est surtout trois espèces de limaces redoutées des cultivateurs. La *limace agreste*, petite et gris cendré. La *limace rouge*, plus grande et jaune bistre. La *Limace grande*, plus grande que la précédente, brune et obscurément panachée.

bien les semis, les pousses jeunes et tendres ont à redouter leur atteinte.

Comme nous le disions, à propos du trèfle, la chaux en poudre est une substance qui contrarie vivement les limaces; le rouleau que l'on fait passer sur le champ avant le lever ou après le coucher du soleil, peut en écraser un très-grand nombre.

Le hanneton reste trois à quatre ans à l'état de larve; c'est alors le *ver-blanc*, le *mans*, le *turc* que l'on trouve dans la terre et qui s'y nourrit aux dépens des racines des plantes herbacées et même des plantes ligneuses et, par conséquent, aux dépens de celles de la luzerne.

On prétend que le hanneton n'est jamais plus commun que dans les luzernes fréquentées par les vaches, les excréments de ces animaux leur servant d'abri et de nid pour déposer leurs œufs. Bien souvent, on peut prendre ce pernicieux insecte en flagrant délit, en fouillant au pied de la luzerne que l'on voit se flétrir et jaunir.

Mais de tous les ennemis de la luzerne, le plus redoutable à cause de sa multiplication, de l'étendue de ses ravages et de la difficulté de le détruire, c'est le négril (1).

---

(1) Les principaux caractères de cet insecte sont les suivants : à l'état parfait, il est noir, pubescent et a la base de ses antennes ferrugineuses. Il a environ 4 millim. de longueur, au moindre mouvement qui vient le surprendre, il replie ses pattes et ses antennes, cache sa tête sous son corselet, se laisse tomber en contrefaisant le mort et disparaît, soit sous les plantes, soit dans les cavités de la terre.

Une réflexion qu'il convient de renouveler ici : c'est que la grande multiplication des insectes, destructeurs des récoltes, a principalement pour cause la diminution des oiseaux insectivores; le dérangement de l'harmonie que la nature avait mise entre la production des premiers et les besoins des seconds. Ainsi l'homme apprend à ses dépens, qu'on ne se joue pas des lois de l'univers; que l'on doit user et non abuser et qu'en dernier résultat, comme le dit la sagesse populaire : *Dieu n'a rien fait d'inutile!*

Lorsqu'il s'empare de la luzerne, au commencement de l'été, il la détruit en peu de temps et le remède le plus généralement conseillé pour mettre un terme à son action, c'est de faucher la luzerne, quel que soit son degré de développement et de le détruire ainsi avec l'objet de sa convoitise.

Cependant, on doit à un membre distingué de la Société d'Agriculture de Toulouse, M. Bosquet, des observations desquelles il résulte que le négril est à l'état parfait vers le moment où la première coupe de luzerne a atteint son complet développement, qu'alors il s'accouple et que c'est le moment, en le détruisant, de prévenir l'arrivée de sa nombreuse progéniture. Pour cette destruction, M. Bosquet fait usage d'une petite boîte de sapin (de 0^{m} 45 de longueur; 0^{m} 20 de largeur; 0^{m} 15 de profondeur) fixée diagonalement par le fond, sur une tringle de bois de deux mètres de longueur et que l'on promène au travers de la luzerne, de manière à faire tomber dans son intérieur les insectes, qui croient d'ailleurs échapper au danger, en se repliant, en contrefaisant le mort et qui ne se servent pas de leurs aîles pour s'enfuir (1).

X.

RÉCOLTE DE LA LUZERNE.

D'une manière générale, les deux causes capitales qui déterminent le développement des plantes, sont la chaleur et l'humidité. Trop de chaleur les tue, trop d'humidité les tue; mais une association convenable de ces deux causes, dans des rapports qui peuvent varier pour chaque espèce, voilà ce qui les fait vivre.

---

(1) Voir le *Journal d'agriculture pratique pour le Midi de la France*, année 1838, p. 70.

Or, la luzerne est assez impressionnable à la chaleur et à l'humidité, pour pouvoir offrir, chaque année, plusieurs périodes successives de développement; pour pouvoir recommencer plusieurs existences annuelles (1).

Cette propriété précieuse, qui a fait dire d'elle :

La luzerne toujours sous la faux renaissante....

est telle sous notre latitude que, terme moyen et avec les expressions générales que donnent annuellement, dans la Gironde, la chaleur et l'humidité, ou si l'on aime mieux, le soleil et la pluie, nous pouvons en obtenir cinq récoltes; la couper cinq fois, depuis le 15 Mars, moment annuel auquel on peut fixer la reprise de sa végétation active (2), jusqu'au 31 Octobre où cette végétation cesse de nouveau.

---

(1) Nous disons recommencer, parce qu'effectivement, pas plus que toutes les autres fourragères, la luzerne ne termine pas ces périodes de végétation, puisqu'on coupe en vert, au moment où la plante fleurit.

Sans vouloir entrer ici dans des détails de physiologie végétale qui nous conduiraient trop loin, nous dirons que cette nécessité de couper au moment de la floraison, est basée sur deux considérations également importantes pour le cultivateur.

La première, c'est qu'à ce moment, la plante est riche de tous les sucs qu'elle pouvait élaborer et qu'elle préparait pour la bonne confection de sa graine : but essentiel que la nature impose à toutes les plantes, comme elle impose à toutes les femelles des animaux l'obligation de perpétuer leur lignée. Ce but, si la plante le remplissait, ce ne serait plus qu'en consommant les sucs qui la rendront nutritive comme fourrage, qui en feront un foin de bonne qualité; ce ne serait plus qu'en s'épuisant.

La seconde, c'est que l'épuisement que la plante s'impose à elle-même, au moment suprême où elle forme le germe destiné à reproduire son espèce, à en perpétuer la durée, elle l'impose aussi à la terre qui la nourrit et qu'ainsi elle fatigue, elle appauvrit cette dernière.

(2) M. le comte de Gasparin établit que la luzerne reprend sa végétation active, dès que la température annuelle atteint + 10°,0; or,

Considérée dans son ensemble et par rapport aux 231 jours que comprend cette végétation, il est encore possible de la diviser en deux périodes.

L'une, la première, qui commence au 15 Mars et finit au 15 Mai, époque moyenne de la première coupe. C'est celle que l'on peut appeler la *végétation préparatoire :* elle a duré 62 jours et donné un produit.

L'autre, la seconde, qui commence au 15 Mai et finit au 31 Octobre, époque moyenne de la dernière coupe. C'est celle que l'on peut appeler la *végétation réelle :* elle a duré 231 jours et donne quatre produits.

Dans un tableau, qui nous permettra de mettre en parallèle, non-seulement les chiffres exprimant la chaleur et l'humidité de l'année moyenne, dans la Gironde; mais aussi les chiffres exprimant la chaleur et l'humidité de deux années récentes 1848 et 1851, remarquables, l'une par l'abondance, l'autre par la disette de leurs produits en luzerne, nous allons résumer tout ce qui précède (1).

---

cette époque, dans nos contrées, doit être le 15 Mars; car, le mois, qui précède, Février, a une température de $+7^{o},0$ et celui qui suit, Avril, en a une de $+13^{o},2$. Or, $\frac{7,0+13,2}{2} = 10^{o},2$.

Le mois de Novembre doit être aussi la limite de cette végétation; car parmi nous, ce mois a une température moyenne de $+9,0$.

(1) Les chiffres exprimant les températures n'ont pas besoin d'explications; tous ceux qui se sont occupés de météorologie savent comment on les obtient.

Quant à ceux exprimant l'humidité, voici leur origine. Ils sont le résultat de la division, pour chaque mois soit de l'année moyenne, soit des autres années, de la quantité d'eau de pluie recueillie et appréciée en millimètres de hauteur, par le nombre de jours de chacun de ces mois.

Ainsi Mars donne, année moyenne, 38 millim. 6, cette quantité divisée par 31, représente pour la portion de cette même eau, affectée à chaque jour, 1 millim. 2.

Phénomènes météorologiques de la végétation annuelle de la luzerne, sous le climat de la Gironde.

ANNÉE MOYENNE.	ANNÉE 1848 (ABONDANTE).	ANNÉE 1851 (DISETTEUSE).	*OBSERVATIONS.*
Végétation préparatoire. Elle commence le 15 Mars ($+10^{o},0$ de temp.re moy.ne) et finit le 15 Mai ; 62 jours de durée $\times$ une temp.re moy ne de $+13^{o},0 = 806^{o}$ de chaleur totale. A cette chaleur, il faut joindre l'humidité résultant des 62 jours $\times$ leur humidité quotidienne, qui est $1^{mill},4 = 868^{mill}$ d'humidité totale. Ainsi la chal.r est à l'humid. :: 8 : 8	*Végétation préparatoire.* Elle commence le 15 Mars et finit le 15 Mai ; 62 jours de durée $\times$ une temp.re moy ne de $15^{o},3 = 948^{o}$ de chaleur totale. A cette chaleur, il fallut joindre, l'humidité résultant de 62 jours $\times$ leur humidité quotidienne qui fut de $2^{mill},9 = 1798^{mill}$ d'humidité totale. Ainsi la chal.r fut à l'humid. :: 9 : 18.	*Végétation préparatoire.* Elle commença le 15 Mars et finit le 15 Mai ; 62 jours de durée $\times$ une temp.re moy.ne de $14^{o},5 = 899^{o}$ de chaleur totale. A cette chaleur, il fallut joindre l'humidité résultant de 62 jours $\times$ leur humidité quotidienne qui fut de $2^{mill},4 = 1488^{mill}$ d'humidité totale. Ainsi la chal.r fut à l'humid. :: 8 : 14.	Pour avoir la temp.re moy.ne de ces 62 jours, on prend la moyenne de toutes les autres moyennes spéciales au mois auxquels appartiennent ces jours : Mars, Avril, Mai. On suit la même méthode pour les autres jours. On la suit également pour avoir les moyennes de l'humidité.
Végétation réelle. Les 169 jours de cette période (15 Mai au 31 Octobre) ont une temp.re moy.ne de $+19^{o},3$ et une humidité moyenne de $1^{mill},7$. 169 jours : 4 ; nombre ordinaire des coupes = 42 jours pour chacune 42 jours $\times$ 19,5 = 810° de chaleur totale. 42 jours $\times$ 1,7 = 714^{mill} d'humidité totale. Ainsi la chal.r est à l'humid. :: 8 : 7.	*Végétation réelle.* Les 169 jours de cette période, eurent une températ.re moy.ne de $+20^{o},4$ et une humidité moyenne de $2^{mill},7$. 169 jours : 5, nombre des coupes qui furent faites = 34 jours pour chacune 34 jours $\times$ 20,4 = 693° de chaleur totale. 34 jours $\times$ 2,7 = 918^{mill} d'humidité totale. Ainsi la chal.r fut à l'humid. :: 6 : 9.	*Végétation réelle* Les 169 jours de cette période, eurent une températ.re moy.ne de $+20^{o},7$ et une humidité moy.ne dé $1^{mill},5$. 169 jours : 3 nombre des coupes qui furent faites = 56 jours pour chacune. 56 jours $\times$ 20,7 = 1159° de chaleur totale. 56 jours $\times$ 1,5 = 840^{mill} d'humidité totale. Ainsi la chal.r fut à l'humid. :: 11 : 8.	Explication des signes employés. $+$ veut dire *plus*. $\times$ *multiplié par.* : *divisé par* = *égale.* :: *comme.* Les quatre dernières coupes de la luzerne (1.re colonne), ne se partagent pas exactem.t les 169 jours de végétation qu'elles emploient. Cela dépend encore de la chaleur de et l'humidité.

Pour dresser ce tableau, nous nous sommes servis des renseignements consignés par M. Dubroca, de Barsac, dans l'*Agriculture* (Janvier 1852, p. 20). Il résulte effectivement de ces renseignemeuts que la luzerne, arrivée à sa deuxième année, a donné de 1847 à 1852, terme moyen, *cinq coupes par an* (1); que durant ces six années, 1848 a offert le plus grand nombre de coupes, 6 et 1851 le plus petit, 4.

Les résultats que nous pouvons obtenir de ce même tableau, sont les suivants :

1.° La première végétation de la luzerne, celle que favorise le printemps et que nous avons qualifiée de *préparatoire*, est toujours sûre, comme cela a lieu du reste pour nos autres fourragères, quels que soient alors d'ailleurs les rapports de la chaleur à l'humidité. Toutefois, il paraît que, terme moyen, ces rapports se balancent. Mais aussi l'humidité peut bien souvent l'emporter de beaucoup sur la chaleur.

Ainsi, les rapports de ces deux causes capitales de la végétation, sont établis, dans notre tableau, ainsi qu'il suit :

Année moyenne	la chaleur	est à	l'humidité	::	8 : 8.
» 1848	—	—	—	::	9 : 18.
» 1851	—	—	—	::	8 : 14.

2.° La seconde végétation de la luzerne, celle que nous avons qualifiée de *réelle*, est beaucoup plus chanceuse et ses produits varient dans des limites fort étendues : pour le nombre des coupes de 3 à 5.

Année moyenne, ces coupes sont au nombre de quatre et l'on voit que, pour la chaleur, aussi bien que pour l'humidité, leurs exigences sont à peu de chose près les mêmes que celles de la coupe du printemps.

(1) 1847, 5 coupes; 1848, 6; 1849, 5; 1850, 5; 1851, 4; 1852, 5.

On voit aussi que lorsque les rapports de la chaleur à l'humidité viennent à changer, les produits en reçoivent une influence directe et décisive : qu'ils augmentent quand l'humidité l'emporte, qu'ils diminuent quand c'est la chaleur.

Les chiffres suivants établissent cette preuve.

Année moyenne la chaleur est à l'humidité				:: 8 : 7	(quatre coupes).
»	1848	—	—	—	:: 6 : 9	(cinq coupes).
»	1851	—	—	—	:: 11 : 8	(trois coupes).

On fauche la luzerne dès qu'elle fleurit, comme l'herbe des prés et comme le trèfle. Dans cette opération, il faut avoir bien soin de faucher le plus près de terre possible, afin de prévenir la formation des chicots qui gêneraient la repousse.

Pour ne pas répéter ce que nous avons dit déjà au sujet du trèfle, en 1848, nous laisserons à l'un de nos agronomes qui ont le plus honoré le midi de la France, le soin d'exposer en peu de mots les pratiques et les soins qu'il faut employer pour récolter la luzerne. « On choisit pour faucher un beau temps et on laisse la luzerne pendant deux jours sans la remuer. Le troisième jour, après que l'humidité de la nuit est dissipée, on retourne la luzerne ; à midi, on la remue encore, et vers le coucher du soleil, on en forme des rangées épaisses et en dos d'âne, afin que la rosée n'en blanchisse que la superficie. Si le temps se dérange et annonce de la pluie, il faut aussitôt former de petites meules bien serrées et pointues. Le lendemain, on étend ce fourrage pour le faire entièrement sécher, et si le temps est beau, on le laisse fermenter en tas et en plein air pendant plusieurs jours. La luzerne ayant alors acquis toute sa perfection, on la fait enfermer vers le coucher du soleil (1) ».

---

(1) Le comte L. de Villeneuve : *Manuel d'agriculture.* Quelques agronomes croient, au contraire, qu'il faut mettre la luzerne en gros tas, aux approches du mauvais temps.

XI.

RENDEMENT ET VALEUR ALIMENTAIRE DE LA LUZERNE.

Nous venons de voir quelles étaient les causes qui pouvaient faire varier le rendement de la luzerne. Toutefois, pour être dans la vérité, il ne faut pas croire que partout et toujours on pourra obtenir les cinq coupes annuelles que mentionne notre tableau et que notre ensemble météorologique peut favoriser. Trois, quatre coupes par an, sont encore des résultats bien capables de satisfaire le cultivateur, surtout lorsqu'on fait attention que là où les coupes sont plus rares, leur produit particulier est aussi généralement plus considérable.

Ainsi, l'on admet qu'uue luzernière, qui est coupée trois à quatre fois par an, doit donner un produit total de 70 à 80 quintaux métriques de foin sec par hectare, soit en moyenne 75 quintaux (1).

On admet aussi que la valeur nutritive du foin de luzerne, ne le cède que d'un dixième environ à celui des prairies naturelles.

---

(1) Ce produit du reste ne s'éloigne guère de celui qu'obtient depuis six ans, depuis que ses luzernes sont en état complet de rendement, le cultivateur dont nous avons accepté les résultats, comme bases des calculs ci-dessus. On va en juger par ce qui suit.

Années.	coupes.	Produit de chaque coupe.	Total.
1847.	5.	1,355.k	6,775.k
1848.	6.	1,797.	10,782.
1849.	5.	1,870.	9,353.
1850.	5.	1,731.	8,656.
1851.	4.	1,970.	7,883.
1852.	5.	1,886.	9,433.
Moyenne. . .	5.	1,768.	8,813.

Voici du reste, touchant tous ces points et d'autres qu'on sera bien aise de trouver ici, des chiffres qui nous dispenserons de plus long détails.

ÉTAT COMPARATIF DES FOURRAGES SUIVANTS :

Le foin pris pour unité des différentes appréciations.

FOURRAGES.	PRODUIT à étendue égale (1).	100 sont réduits, par la dessication.	100 laissent en débris, par la fenaison.	VALEUR du pouvoir nutritif (1).	*OBSERVATIONS.*
Foin.	100.	10,0.	1,0.	100.	On ne doit pas perdre de vue que les chiffres que nous donnons ici, n'expriment que des quantités relatives Ainsi, pour le produit, quand le foin donne 100, la luzerne donne 180, ou près du double, etc...
Trèfle incarn.t (farouch)	105.	6,8.			
Sainfoin.	105.	8,2.	2,0.	85.	
Vesces.	110.	9,9	1,2.	83.	
Trèfle de Holland	160.	6,0.	2,0.	90.	
Luzerne.	180.	7,7.	1,6.	90.	

(1-1) Celui du foin étant 100.

La luzerne ne se prête pas à la dépaissance. « Ne permettez jamais, dit Olivier de Serres, qu'aucun bétail à quatre pieds y entre, s'il est possible, d'autant que la luzerne hait la morsure et trépignement des bêtes : ce qui sera pour avis au père de famille, afin d'en faire curieusement clore le lieu ».

Un autre inconvénient de cette plante, qu'elle partage du reste avec le tréfle, c'est d'exposer les animaux qui la consomment en vert et qui peuvent en prendre avec excès, à la météorisation. Les cultivateurs savent en général quel est ce danger, d'ailleurs nous ne pouvons ici que le signaler (1).

(1) Cependant, nous croyons bien faire en notant le remède le plus facile à employer contre ce mal. « Dès que les bestiaux commencent » à éprouver un peu d'enflure, soit par la dépaissance des fourrages,

XII.

DURÉE ET DÉFRICHEMENT DE LA LUZERNE.

La durée de la luzerne est un des points que l'on a le plus fait valoir en faveur de cette fourragère et que l'on a, sans dul doute, souvent exagéré, Pline portait cette durée à plus de trente ans, Columelle ne parle que de dix et Olivier de Serres de quinze. Sans chercher à mettre d'accord ces témoignages également recommandables, nous dirons que la durée de la luzerne, qui peut être très-longue, se trouve essentiellement liée à la valeur du sol et aux soins qu'on lui accorde.

Toutefois quand la luzerne commence a perdre de sa vigueur, quand les graminées, le chiendent surtout, l'envahissent; quand ses pieds se réduisent en nombre d'une manière sensible, c'est l'indice non équivoque, ou que la plante est vieille, ou que la terre en est fatiguée, ou qu'il est survenu quelques causes qui ne lui permettront plus désormais de prospérer convenablement. Dans tous ces cas le moment est venu de la détruire (1).

On comprend que la destruction d'une luzernière n'est

» soit en les mangeant à la crèche, il faut se hâter de donner à chaque animal un bon verre d'une dissolution préalablement préparée » de 2 kilog. 0792 de salpêtre dans une bouteille d'eau-de-vie de 3 » litres. Faites courir l'animal malade et jetez lui de l'eau sur le dos... » L'alcali volatile (ammoniaque) à la dose de 30 gouttes dans un » verre d'eau, suffit pour un mouton : 0 gr. 63 dans un demi-litre » d'eau pour un bœuf; en un cas pressé, de la poudre de chasse » dans de l'eau-de-vie produit un bon effet ».

(Comte Louis De Villeneuve : *Manuel d'Agriculture*).

(1) Dans la commune de Barsac, on s'est aperçu que les luzernes commencaient à perdre de leur vigueur vers l'âge de huit ans. On a pu voir ci-dessus quelle était la valeur des terres de cette commune.

pas une chose facile. Il faut pour cela de bonnes charrues et de bons attelages. On a vu même recourir à l'écobuage.

Voici, du reste, comment agit un des meilleurs agriculteurs du département de la Gironde. A l'automne, il laboure la luzerne et sur ce labour il sème de l'avoine à manger en vert au printemps. Après la récolte de l'avoine, il donne trois labours, pour bien détruire les mauvaises herbes dont la luzerne avait pu favoriser la multiplication, puis il sème le blé.

XIII.

RETOUR DE LA LUZERNE SUR LA MÊME TERRE.

Parmi les causes qui peuvent nuire à la réussite de la luzerne et à sa durée, il faut particulièrement citer le retour trop prompt de cette plante sur une terre qui en aurait déjà nourri. A cet égard, on sait combien est grande la répugnance du plus grand nombre des plantes que nous cultivons et combien cette considération devient gênante dans une infinité de cas.

En adoptant l'opinion qui veut que la luzerne ne revienne sur le même champ, qu'après un nombre d'années égal au moins à celui durant lequel ce champ avait pu déjà recevoir la même destination, on agira fort prudemment et mieux encore si l'on rend ce délai plus long.

XIV.

RECOLTE DE LA GRAINE DE LUZERNE.

Il serait imprudent de récolter de la graine sur une jeune luzerne, cette récolte l'épuiserait et nuirait essentiellement à son avenir, à moins que l'on n'employat le fumier pour réparer un tel tort. Ordinairement, c'est à la luzerne que l'on veut détruire que l'on demande ce produit et c'est la seconde coupe qui le fournit, dans les conditions les plus avantageuses.

La graine de luzerne est mûre quand les siliques qui la renferment ont acquis la couleur du café grillé. La luzerne, fauchée à ce moment, doit être bien sèchée et transportée dans des toiles sur l'aire, pour y être battue par un temps chaud. Cette graine est moins abondante que celle du trèfle : on récolte environ 3 ou 400 kilog. par hectare (1).

XV.

HEUREUSE INFLUENCE DE LA LUZERNE SUR LA TERRE QUI L'A NOURRIE.

Un dernier et bien précieux avantage de la luzerne et de toutes les légumineuses en général, c'est l'effet avantageux qu'elle produit sur la terre qui l'a nourrie ; c'est la fertilité qu'elle y accumule, qu'elle y fixe pour plusieurs années : au grand profit des autres plantes qui l'occuperont après elles et principalement au grand profit des céréales.

M. le comte Louis de Villeneuve, dont nous nous sommes plû souvent à interroger la vieille et conscien-

---

(1) « On réserve pour la graine la seconde coupe, le produit se re- » cueille vers le milieu d'Août ou même quelquefois beaucoup plus » tard. Un premier battage au rouleau, exécuté par un soleil ardent, » sépare les capsules et les feuilles de la partie ligneuse du fourrage ; » un second battage, plus long et plus pénible, achève de faire sortir » la graine de sa capsule, et réduisant en poussière tout ce qui l'en- » veloppe permet d'en opérer le nettoyage au tarare. Ce second bat- » tage est remplacé avec beaucoup d'avantages par l'action de la roue » d'un moulin à huile ».

(*Agriculture du Tarn*).

cieuse expérience, par cette raison surtout qu'il exploitait dans nos contrées et sous notre climat, estime que le bénéfice que procure à la terre la luzerne, équivaut à *dix charretées de fumiers par an*,

14 Mai 1853.

Nous n'avons pas besoin de recommander de nouveau, la culture de l'excellent chou-fourrage, connu sous les noms de chou-cavalier et de chou-branchu. Depuis cinq ans que nous cherchons à répandre cette culture dans les campagnes de la Gironde, nous y avons distribué au moins SIX MILLE poches de graine de cette plante et autant d'instructions relatives aux soins qu'elle exige.

Chaque année aussi, nous avons prié M. Catros-Gérand, pépiniériste et marchand de graines, à Bordeaux, de tenir à la disposition de MM. les propriétaires, du plant de ce chou; de même que du plant de betterave, pour le traitement de cette excellente racine par la méthode Koëchlin, ou *méthode de transplantation hâtive* (voir l'*Agriculture*, 1846, pag. 15).

Nous avons aussi recommandé plusieurs fois la culture du Moha de Hongrie, comme fourrage pouvant très-bien convenir à nos terres et à notre climat. (Voir l'*Agriculture*, 1841, pag. 399).

Au surplus, voici les prix des graines de ces fourragères.

Luzerne.	1 fr. 30 c. le kil.	Chou.	5 fr. 00 c. le kil.
Trèfle.	1, 20	Betterave. . .	1, 00
Moha de Hongrie	0, 80		

---

*Le recueil mensuel l'*AGRICULTURE*, publié depuis 14 ans, sous la direction du Professeur d'agriculture chargé de l'inspection agricole du département de la Gironde, coûte 12 fr. par an. Les abonnements sont reçus par les principaux Libraires de Bordeaux, et par le Professeur à qui l'on peut écrire directement.*

Imprimerie de TH. LAFARGUE, Rue Puits de Bagne-Cap, 8, à Bordeaux.

www.ingramcontent.com/pod-product-compliance
Lightning Source LLC
LaVergne TN
LVHW050501160826
845677LV00003B/865

* 9 7 8 2 3 2 9 6 5 3 8 3 9 *